开启梦想家居的 5 把密匙

精彩背景
Splendid Background

300 个倾情奉献的独家案例
两岸明星 设计师的私享力作
风靡全球的至潮风格宝典
拒绝纸上谈兵，手把手教你装修实战术！
细部装修要诀，5 本一网打尽！
爱家 36 计，要"变脸"，更要"hold"住钱包！

博远空间文化发展有限公司 主编

U0285990

华中科技大学出版社
http://www.hustp.com
中国·武汉

PREFACE

序言

"家"的概念是中国几千年传统文化中根深蒂固的思想，从前两年的"全民买房"到现在的"全民装修"，老百姓对房子的热情始终不减。房子不论户型、大小，在入住之前业主必然都会对房屋进行美化。随着家庭装修的普及，人们对装修的认识也逐渐深刻。

在房屋装修中，墙壁是占据我们视线最多的地方，象征着主人的家居品位，可谓是家居装修中的"脸面"工程。如何选择适合自己家居风格的背景墙，如何运用细节化、个性化的处理让背景墙融入整体空间的设计，在设计要点、色彩搭配、选材方面又有哪些注意事项和窍门，这些是多数业主和装修新手无法回避的问题。

因此我们特别策划了这本以实用为核心的家庭背景墙装修指南。本书采用国内一线设计师的最新作品，配以精致图片和细腻文字，从造型、色彩、装饰、经济各个方面为您全面解惑，通过丰富的案例分析使您在积累大量直观感受的基础上了解、掌握背景墙装修的要点，教您打造经济实用、绿色环保的现代家居，让您的家居更"墙"势！

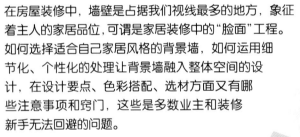

目录 **CONTENTS**

客厅制造焦点的艺术

THE LIVING ROOM
SETTING WALL

在客厅空间中，动态的电视画面是一道亮丽风景，而电视背景墙则是另一道静态风景，往往起到画龙点睛的作用。电视背景墙的设计是居室整体设计风格的浓缩，在某种程度上能体现出设计师的水平，也是业主家居文化品位的间接反映。所以，在家庭装修设计中，电视背景墙成为名副其实的"焦点"。

客厅制造焦点的艺术　The living room setting wall

在客厅空间中，动态的电视画面是一道亮丽风景，而电视背景墙则是另一道静态风景，往往起到画龙点睛的作用。电视背景墙的设计是居室整体设计风格的浓缩，在某种程度上能体现出设计师的水平，也是业主家居文化品位的间接反映。所以，在家庭装修设计中，电视背景墙成为名副其实的"焦点"。

不同材质的优美组合
一整块大理石造型墙与楼梯衔接，丰富了空间层次。右侧墙体采用凹槽切割出长方形区域并嵌入纯白色花纹玻璃，柔化墙体的厚重感，同时凸显精致美感。

1. 粗犷与细腻的对比美感

凹凸不平的青石墙面搭配原木特质的板材，两种不同材质与风格的杂糅，营造出对比强烈的视觉效果，凸显原始质朴风情。

2. 让视觉穿透的温润质感

几何分割的立式背景墙由茶色玻璃和集成板材共同构筑，木质纹理的温润质感与玻璃的视觉通透感相结合，营造出空间清透感。

1. 纯净空间的焦点效果

从天花板至地板、墙面,甚至桌椅,统一采用优雅白色打造一个通透的纯色空间。黑色的电视嵌入白色墙体,利用色彩的强烈对比轻松制造焦点效果。

2. 灯光和色彩的空间交汇

白色竖条纹墙面造型简约却不失风格,上方采用壁投式光管制造光带效果,与天花板上点点灯光共同营造星空效果。

3. 宛如装置艺术的造型电视墙

电视背景墙也不必是规整的墙体,在石砌的收纳平台上用大理石造出一块造型墙来悬挂电视,制造出犹如展厅的效果。

1. 凹凸造型壁板堆叠出立体感
纯色切割块体的电视背景墙为避免单调，利用凹凸交错的方法堆叠出立体感，搭配光带和凹槽的上下衔接，让空间更加立体。

2. 将客厅重心向右倾的电视墙设计
"L"型边线将白色背景墙面灵活分割，同时抛弃传统中心理论，将客厅重心向右侧窗口移动。

3. 条纹和撞色的焦点效果
白色竖条纹拼接板打造出一面素净的电视背景墙，上方以朱红色壁纸与下方拼接，同样的竖条花纹形成呼应，而色彩又形成深浅对比，客厅焦点凸显。

1. 造型壁面体现空间质感

进口欧风壁纸与金色的天花造型凸显古典奢华风格，白色木条板在墙纸表面纵横切割出格状造型，打造更加立体有型的视觉空间。

2. 全石材打造的多功能电视墙

连接天花板和地板的电视造型墙表面采用凹槽和石砌的收纳搁板，同时用壁投式灯光装饰墙面，形成了集装饰、造型、收纳于一体的多功能电视墙。

🍂 1. 以集层材和松木打造休闲风格

质感温润的木材一直是家居空间青睐的建材。为了打造居家休闲风格，电视墙与电视柜运用特殊纹理的集成材和松木打造出中间悬空的独特造型，配合木质桌椅、水泥地板的传统素雅风格，让现代电器融入木质的温暖之中，营造出温馨的居家休闲风格，给家人一个可以真正放松的无压空间。

🍂 2. 内嵌式电视背景墙

利用挑高空间的墙体高度和厚度向内设计凹槽空间，形成一个"回"字形的走廊式空间，内侧墙面用以悬挂电视，下方摆放电视收纳柜，同时结合新古典的整体风格设计内侧电视背景墙壁纸、乳白色的复古电视柜及欧式地板，创造出结构紧凑且富有层次感的造型空间。

🍂 3. 屏风电视造型墙的东方美感

一进门便是电视会令人产生视觉上的裸露感，巧妙设置一扇轻薄的中式镂空屏风，轻盈地悬立在空间中，既可作为空间端景墙，又可作为电视背景墙。镂空的设计制造出空间层次感，将透视和实现阻断相结合。柚木电视桌和原木地板的古朴质感都与房间整体的质朴原木风格相契合，凸显出清逸质朴的东方美感。

1. 挑高拱门造型展现奢华欧风

充分利用客厅的挑高空间来设计电视造型墙。根据客厅整体的法式风格，将电视背景墙面做成欧式拱门形状，高大的拱状造型宛如法国的凯旋门，透出大家风范。同时采用极低的矮脚电视桌来摆放视听设备，压低姿态的电视桌与挑高拱门造型的背景墙形成鲜明对比，更加反衬出拱门的高大恢弘，同时拉伸空间视觉高度。银粉色花纹壁纸搭配精美的水晶吊灯，配以古典奢华的雕花桌椅，浓郁的法式风情展现得淋漓尽致。

2. 菱格纹皮裱布设计凸显摩登感

将菱格纹皮裱布的元素融入电视背景墙的设计，凸显大气的时尚感。以木质边框进行修饰，辅之右侧的白色雕花镂空门，不同材质的碰撞与交汇展现出一份尊贵和精致的时尚美感，搭配电视桌上方的展示品，体现主人的优雅品位。

3. 实用美观的极简美学

米色墙体没有任何多余装饰，以电视和音响等设备的有机组合提升空间质感，实用且美观。

1. "回" 字造型的视觉聚焦作用

宛若黑白蕾丝的背景墙面凸显优雅精致气质，同时以银色金属质感边框凸显同样暗色系的壁挂电视，形成一个 "回" 字造型的背景墙，起到视觉牵引的作用。

2. 延伸成为玄关端景墙的造型设计

一进门的过道尽头就是电视背景墙，而此处背景墙采用双面造型设计，在满足电视造型背景装饰效果的同时延伸成为玄关端景墙。

3. 材质、光影、镜面的多重组合效果

镜面和光带边框的双重组合制造出富有层次感的饱满造型效果。

1. 不规则几何图形的木饰造型墙
整面木饰造型墙利用不规则几何图形的凹槽设计实现收纳和展示的作用。

2. 两截式设计的造型墙
石材和透光玻璃的两截式组合设计，形成独特的电视背景造型墙。

3. 传统中式风格的亮色美学
朱红色背景墙面与两侧的镂花屏风式设计相结合，形成传统中式色彩和造型相结合的审美效果。

4. 材质凸显古典奢华风
斑驳的红色石材墙面烘托沙发及吊灯的古典风情，利用材质展现空间的奢华大气。

1. 壁投光源打造的光影造型

壁投式光源在墙面形成光影的交汇，利用光影效果为电视墙增添魅力。

2. 压低柜体诠释空间美感

极低的电视桌设计充分凸显大理石背景墙面的光泽质感，让挑高空间的优点充分显现。

3. 花纹壁纸和茶色玻璃的有机组合

富有立体感的金色花纹壁纸搭配白色框边的茶色玻璃，简单的平面组合制造出立体感极强的空间视觉效果。

让床头背景成为梦的舞台

THE BEDROOM SETTING WALL

卧室是一个纯粹而完整的私人空间。在经历了多种装修设计风格的演变之后，不再有固定的装修模式，而是注重某种对身体回归的渴望。好的卧室背景墙设计要遵从主人的性格及喜好，并参照主人深层次的心理需求，结合卧室的功能，利用点、线、面等要素来设计墙面的造型与装饰，创造舒适、放松的睡眠环境。

让床头背景成为梦的舞台
The bedroom setting wall

卧室是一个纯粹而完整的私人空间。在经历了多种装修设计风格的演变之后，不再有固定的装修模式，而是注重某种对身体回归的渴望。好的卧室背景墙设计要遵从主人的性格及喜好，并参照主人深层次的心理需求，结合卧室的功能，利用点、线、面等要素来设计墙面的造型与装饰，创造舒适、放松的睡眠环境。

错落层次搭配光带展现简约大气
木作背景墙面通过凹凸层次塑造出丰富造型，收纳平台以光带镶边，木质本身的典雅配合层次有致的造型，营造简约大气的美学效果。

1. 以皮革绷布造型和切割镜面凸显奢华

宽窄不一的繁复几何图形搭配皮革绷布材质凸显奢华气息，辅以不规则镜面的嵌入，让整个床头背景墙面散发低调的时尚气质。

2. 质朴风的文化石背景墙

墙面采用文化石铺贴，让人联想起乡间的石造房子，地板选用温暖质感的实木地板，让人仿佛置身乡间度假屋。

🦪 1. 具有吸音效果的切割绒面造型墙

主卧背景墙面以亮银色绒面包覆，搭配三角切割图案，在塑造空间立体感的同时具有很好的吸音、隔音效果。

🦪 2. 复古波点花纹搭配不规则几何凹槽的设计

为避免波点花纹背景过于呆板，以不规则几何图案及凹槽点缀，同时也具有收纳功能。

🦪 3. 简单却不失精致的波浪纹凹面设计

四条交叠的波浪纹图案搭配凹面内的嵌入镜面，整体素雅却不失精致，体现设计风格。

🦪 4. 银色曲线注入空间张力

亮银色曲线花纹壁纸铺贴的床头主墙拉高空间视觉高度，同时与清新的空间色调及实木地板烘托出空间的优雅气息。

🍃 1. 活泼卧室气氛的装饰小品
米白色的床头背景墙面与粉红色的寝具凸显空间的甜美气息，用两幅画框简单点缀，让卧室氛围更加活泼。

🍃 2. 花藤壁纸柔化空间
花藤壁纸一直延伸至收纳柜的背后，成为收纳柜的内壁背景，展现清新素雅的卧室气质。

🍃 3. 整体墙面统一的壁纸设计
茶绿色的花纹壁纸运用在整间卧室的墙体，使卧室整体风格统一。

1. 木格栅造型墙与亮色寝具形成冲突美感

深褐色的木格栅造型墙以竖条纹拉伸空间高度，深颜色的选用能够安抚情绪，让睡眠更沉稳，同时与主卧的鲜艳色彩形成对比，体现冲突美感。

2. 皮裱布床头壁面美观且实用

灰色格状切割造型墙简单大方，与主卧内的素雅格调相契合。皮裱布的材质使床头壁面容易清洁擦拭，光洁的壁面也让空间更显素净。

3. 壁布和画框的大气组合

浅灰色床头背景墙在壁投灯光的照射下有种洗尽铅华的美感。银质边框的古典油彩画配以银色边框，更加凸显出清新优雅的气质。

🐚 1. 银色画框和壁纸的古典交汇

银色花纹壁纸衬托在黑色蕾丝台灯后，烘托低调奢华的卧室氛围。银色边框的标志性画框将古典韵味注入卧室空间，低调、优雅、奢华的古典风情展露无遗。

🐚 2. 金色造型边框打造奢华主卧

深咖色皮裱布切割造型墙凸显卧室的理性风格。金色的不锈钢反光镶边框住造型墙，将焦点汇聚在墙上，与奢华水晶天花吊灯相映生辉。

🐚 3. 黑白画框凸显水墨意境

灰白色的墙面和床头灯点出空间主题，黑色边框的黑白风景画与墙体融为一体，似水墨晕染开，让整个卧室空间成为一幅立体水墨画作，彰显山水人文意境。

🐚 4. 暗调语汇的空间交融

深浅灰黑色调和白色在空间交融出暗调优雅的魅力。纯白色的床头背景墙上方以光带照亮，营造纯净的梦幻感。搭配一幅黑白画框，一个清逸脱俗的主卧空间立即呈现。

🖤 1. 采用金色壁布的主卧造型墙

主卧空间以金色系为主调，为配合天花造型，床头背景墙以金褐色绒面壁布作为造型墙面，同时两边辅以金属色泽镜面装饰，三盏壁投式光源照射在壁面上，营造光影效果。

🖤 2. 民族特色的风情点缀

欧风壁纸凸显空间古典特色，一幅抽象艺术画框用饱满的色彩和具有民族特色的图案成为空间的亮点。

🖤 3. 主卧造型墙的田园风格三重奏

粉色波点墙纸为主卧墙面增添浪漫情愫，下半截白漆木作墙线更是凸显古典与纯净。两扇蓝色底幕假窗搭配条纹窗帘，仿佛两扇梦的窗口，打造精致浪漫的卧室氛围。

● 1. 美式的怀旧情怀

深褐色花纹装饰木作墙面成为卧室背景造型墙，与床头铆钉复古木箱相互呼应。一幅黑白汽车画框将美式复古情怀带入空间，下面一幅字母木板画凸显美式酒吧风格。

● 2. 清新小·品的装饰艺术

黑、橙、白三色贝壳状装饰小品拼贴在大地色卧室背景墙面上，增添几分活泼。纯白色折纸概念小收纳板挂在墙面，犹如一双翅膀，将墙面点缀得更加清新灵动。

1. 材质和色彩的古典语汇

亮橘色菱格纹切割绒面造型墙和壁纸及天花色彩协调统一。朱红色木质边框的镶边效果使古典的墙面成为耀眼的焦点，与木质地板和桃红色床头靠背形成亮丽的色彩呼应。

2. 壁布和墙线的优雅组合

深色的欧风壁布装饰颇有视觉冲击力，深沉的色彩与浅色寝具形成鲜明对比。搭配白色木作墙线，形成床头背景造型墙，凸显新古典的空间风格。

3. 中国风的"十"字演绎

淡雅中式碎花墙纸铺陈出一面素雅的床头背景墙。十字交叉造型的木作墙线使床头背景造型更立体。

1. 绒面切割造型营造酒店度假风

斑驳的绷布绒面切割造型墙具有很好的吸音效果，配合白色木作边框造型，与空间的新古典风格相契合，营造出酒店度假风格。

2. 渐变色造型墙面让空间精致化

宛若一张兽皮的渐变色床头背景墙反衬出皇冠式床头靠背的精致奢华。背景墙两侧的镜面和收纳柜体配合纯白的墙面底色，共同构筑起一个精致典雅的新古典空间。

3. 墙与床的造型搭配

亮粉色花纹壁纸铺陈出墙面的浪漫宫廷情怀，床头靠背的独特造型和两根高高的床柱融入床头背景，成为床头背景造型的一部分，打造出一面立体、古典的造型墙。

1. 花草壁纸给人强烈的视觉印象

深红色的寝具和窗帘、水红色的墙面、桃红色的落地窗帘、橘色的台灯，这一切构成一个色彩浓烈的热情空间。一幅由相同色块组合而成的花草图壁纸作为床头背景为空间增添活泼色彩。搭配的横陈在壁纸前白色收纳板，打造出一个美观与实用兼具的个性背景墙。

2. "圆"概念衍生出的弧形造型墙

抬高的圆形地板与圆形天花造型相呼应，构筑起一个圆柱形的睡眠空间，形成一面弧形的床头背景墙。朱红色木作墙面上开设两扇长方形窗户，让"圆"概念打造出的卧室空间更加精致独特。

3. 特殊壁纸打造时尚视觉

床头背景墙用高档壁纸打造，简单却不失设计感。竖条圆球状堆叠图案拉伸墙体高度，同时立体感极强的图案增添空间质感，鲜艳的红色让原本素雅的寝具和地板瞬间提亮，打造焦点效果。

🐚 1. 金色光源与木质凸显豪宅气派

全玻璃构造的宽敞卧室制造充足采光。大格局的床头背景以正面墙壁的规模悬挂金色壁毯，再以天花上方壁投式光源和两盏床头灯投射金色光影在墙面，形成一个金碧灿烂的、宛若舞台的背景造型墙。同时与天花板的造型相协调，完美体现豪宅气派。

🐚 2. 隐藏收纳的高档红木造型墙

主卧的床头背景墙以高档红木收纳柜装饰，格状分割的柜面本身成为造型一部分，同时隐含巨大收纳空间。

🐚 3. 整体花藤壁纸打造床头风景

一枝黑色的花藤在金色的背景墙面蜿蜒伸展，形成一幅完整的床头风景画，金色和黑色的大气组合，同时将精致的自然美带进卧室。

🐚 4. 凸显东南亚风情的木质浮雕

黑色柚木打造的床头柜和悬挂帷幔的床柱让卧室的气氛更加沉稳安静。床头的黑色木质浮雕画打造出精致的东南亚人文风情。

1. 块状铁灰色壁布营造大气度

为配合现代中式的家居风格，床头背景以简单的块状铁灰色壁布作为造型装饰，简约之中不失大气典雅。整个卧室流露出儒雅的人文气息。

2. 地中海风格的主题造型墙

阳光、沙滩、碧海、蓝天，所有地中海元素都糅合在这个卧室空间里。床头背景墙面上两扇假窗的设置颇有创意，纯白色框架搭配天蓝色窗帘和窗体背景，仿佛大海流进卧室，为空间注入海洋的自由、浪漫气息。

3. 金色菱格纹绷布装饰出奢华

主墙采用金色绷布造型，华丽雍容。简单的菱格纹切割面带来时尚气息，将古典和时尚完美融合。

4. 水墨画框为空间注入人文意涵

横条木作墙面为卧室主墙凸显自然质朴的气质。白底画框上，一条墨迹蜿蜒开来，充满艺术感，让国学气息在空间晕染开来。

1. 立体摄影画框打造 3D 屏幕效果

深黑色的卧室主墙面让整个空间沉稳而不张扬。一张放大的建筑摄影图作为床头背景，立体的三维图像为空间注入张力，营造出 3D 屏幕般的视觉效果。

2. 低调气质空间的绷布造型墙

方块状切割的绷布造型墙犹如一块块的巧克力组成，让暗调的空间充满丝滑质感，低调却不失温馨甜蜜。

3. 木质和花藤壁纸打造素雅空间

黑色木板在卧室主墙的两面墙体结合处铺设，柔化空间的坚硬感。素色花藤壁纸镶嵌在墙体中间，共同打造出一个素雅的睡眠空间。

🐦 1. 造型和色彩打造浪漫田园风

一个充满浪漫少女情怀的卧室空间，各种深浅不一的粉色和花朵图案交织在整个空间中。主墙利用"L"造型粉红色墙线和墙体的内凹形成一个框架，下侧形成一个收纳台，用于摆放装饰画框，内壁铺陈淡蓝色碎花壁纸，浓浓的浪漫田园风情弥漫整个空间。

🐦 2. 活泼粉色造型墙凸显可爱个性

由于床设于墙角，两面靠墙，因此两面墙的装饰都变得颇为重要。床头墙面由嫩粉色骰子状造型组合而成，活泼俏皮，另一面墙以亮粉色花纹壁纸铺陈，整体呈现活泼可爱的风格。

🐦 3. 条纹壁纸和装饰盒的俏皮组合

粉色圆点构成的竖条纹壁纸让不大的卧室空间充满小清新的气息。床头墙面上五只白色收纳盒加上每一格内的玩具点缀，给人以温暖俏皮的感觉，充满童真趣味。

1. 酒红色绷布造型墙打造卧室焦点

床头的绷布造型切割面造型墙用白色木质边框框住，中间是热烈的酒红色，仿佛一杯葡萄美酒泼洒在墙面，热烈而浪漫，成为整个卧室空间的视觉焦点。

2. 皮裱布造型墙的桃色诱惑

纯白的墙体和素色寝具空间需要一抹亮色。皮裱布的绷布造型墙无疑成为床头一道亮丽的风景。皮质的光泽让鲜艳的桃红色更有质感，妖娆而不媚俗，让卧室氛围更加浪漫多情。

3. 画框和寝具的统一风格元素

这是一间风格鲜明的主卧空间。原木桌和木床透露传统的质朴风，淡绿色的波点花纹壁纸淡雅而不张扬，两幅大红大绿的花朵挂画将浓烈的中式风情演绎得热情非凡。

1. 简约田园风壁纸墙面

温馨的田园风壁纸铺陈在卧室的主墙上，镶嵌两盏壁挂式床头灯，与经典白色床铺和床头柜共同构成一个清新淡雅的英式田园空间。

2. 拱门造型主卧背景墙

白色木作拱门状造型成为整个卧室空间的亮点，搭配墨绿色碎花墙纸的背景墙面，清新而梦幻，凸显浓浓的美式休闲风。

3. 冷暖色交汇的床头背景

暖色调的花纹壁纸展现主卧墙面的温馨质感，而寝具和装饰画都是传统的冷色调风格，冷暖的交织让空间更有特色。

与天花板统一的几何造型墙

床头背景墙面以纯白底色搭配几何线状交错的条纹图案，同时延伸至天花板，形成统一风格。

1. 双造型组合的主卧设计

块状分割的绷布造型床头靠背本身就是卧室内一道独特的风景，成为卧室背景造型的一部分。靠背后的深色欧风壁纸装饰极具抽象艺术风格。

2. 两截式床头背景墙

床头背景墙面有横梁和立柱，形成一个天然画框。上方横梁设置两盏壁投灯，将光影效果投射在切割绷布造型墙面，同时下半截以板材铺设，不同材质的组合凸显空间质感。

3. 铁质床具和深色碎花壁纸的刚柔相济

墨绿色花朵壁纸给纯白墙面增添一抹清新的古朴韵味。壁投灯光的辅助让墙面更加灵动。搭配美式床具和原木床头柜，一个清新的美式田园卧室映入眼帘。

个性和艺术交汇的风格墙
STYLE SETTING WALL

在进行墙面装饰设计时，不同的材质、造型或色彩可以打造出不同的墙体风格，通过墙体风格即可确定空间风格。不同风格的装饰墙面可以营造出不同的家居氛围。聪明的业主可以在设计墙面之时，融入个人的性格特点和风格偏好，打造出一面个性和艺术交汇的风格墙。

038

个性和艺术交汇的风格墙 Style setting wall

在进行墙面装饰设计时，不同的材质、造型或色彩可以打造出不同的墙体风格，通过墙体风格即可确定空间风格。不同风格的装饰墙面可以营造出不同的家居氛围。聪明的业主可以在设计墙面之时，融入个人的性格特点和风格偏好，打造出一面个性和艺术交汇的风格墙。

把故事写在墙上的照片墙

餐厅是一家人共享天伦之乐的场所，因此餐厅的背景墙面也应成为亲情的催化剂。素净的墙面上挂着男女照片主人公的和孩子的照片，每一张都讲述着一个从相恋到相守再共同孕育生命的故事，让家更加温馨动人。

1. 为空间注入活力的海洋力量

边角弧度的天花板设计与米白色的墙面共同构成一个圆融的空间。一幅波涛汹涌的大海画框点缀在墙面，将大海的磅礴气势带入气质纯净的空间里，让空间更有力量。

2. 灰白马赛克铺陈出美式时尚感

灰白马赛克铺满卧室的整面墙，甚至推拉门片上也全面积覆盖，搭配黑白格子被褥和蓝色、白色的空间色调，形成一个时尚、独特的现代美式空间。

3. 纯白空间的统一风格

这是一个现代极简的纯净空间。天花、地板、墙面三位一体，统一为白色调，实现整个空间风格的完美统一。

1. 木质屏风和黑白画框打造美式乡村风

客厅沙发两侧分别立着两扇镂空木质屏风，与背景墙上两幅黑白奖杯画框共同构成独特的造型风格墙。满屋的花卉、绿植盆栽共同构成了一个美式乡村风的休闲空间。

2. 绚丽壁毯凸显浓情民族风

餐厅背景墙面以一幅做工精细、花纹繁复的民族风情壁毯进行装饰，搭配两侧的四幅黑白奖杯画框，共同构成一个充满异域民族风情的美式度假风格空间。

🦋 1. 黑白相间拼贴出贵族气质
光泽、亮面的黑白砖交错铺陈在墙面，加上纯白色木质镶边，打造出一面时尚优雅的风格墙面，同时与空间的新古典风格相得益彰，凸显贵族气质。

🦋 2. 木质和墙纸的优雅组合
整个空间四面墙体以半截原木裙线从下方串联起来，散发自然气息。墙体的上半截以暖黄色花纹壁纸衔接，形成一个优雅的材质组合。

🦋 3. 框架和镜面的造型效果
古典风格墙面上方以光带打亮，下方以三块几何造型共同组成风格墙面。块状素色壁纸搭配两侧的金色边框长方形壁纸框，中间镶嵌椭圆形镜面，映射出满屋的古典华美气质。

1. 艺术油彩和皮裱布凸显大宅气度

挑高的客厅空间里，背景墙本身的高度就已体现出恢弘的气势。利用块状切割的绷布装饰增添墙体的典雅气质，抽象油画的点缀让艺术气息为风格墙面加分，凸显人文大宅的气度。

2. 大小不一的画框装饰墙

一进门的过道墙面上运用各式大小不一的画框铺叠出一个风格画带，打造出犹如画廊展示墙的效果，活泼、灵动气息延伸对室内空间的幻想。

3. 木作墙带来自然气息

原木横条拼接而成的整面墙体，使制造家居空间最原始的质朴气息扑面而来。不规则缺口边框搭配珠帘，粗犷与柔美杂糅，凸显艺术气息。

1. 暖色空间的统一色调

淡淡的米色条纹壁纸给空间注入暖意，搭配两幅复古画框，轻松营造出温馨轻松的家居氛围。

2. 菱格纹镜面和壁纸之舞

大朵的花卉图案壁纸让墙体十分引人注目，转折处的多层收纳台衔接一面菱格纹切割镜面，共同构成一个立体的风格墙景。

3. 壁纸和油画营造古典意境

精致的藤蔓花纹壁纸将整个空间的墙面塑造成古典怀旧形象。一幅森林、积雪、水洼交织的油彩画框将旧时代的古典意境悄然注入，将整个空间变成一段旧时光里的舞曲。

🍃 1. 色彩和材质的惊艳组合
中式的沙发和桌椅都透露着低调的奢华，这样的基调下，一面醒目的、红与黑的演绎墙面隆重而夺目。四幅黑白雪景画框点缀墙上，似一段黑白影像的回忆夹在热情斑斓的现实生活中。

🍃 2. 七彩条纹壁纸让空间更活泼
简单清爽的桌椅、地板、台灯都凸显空间质地。七彩条纹壁纸的墙面装饰将彩虹的热情和活泼气息带入空间，让空间的情感更加饱满，也更有张力。

🍃 3. 原木空间的一抹亮丽
木质的地板和柜体妆点墙面和空间的每一个角落，一条亮红色的横木在柜体上方十分醒目。

🖌 1.把童趣画在墙上
一整面墙体漆成亮丽的暖黄色，画上眼睛和鼻子就成了一只可爱的小熊，卡通的元素让空间充满童趣。

🖌 2.配合空间气质的碎花壁纸
黑色家具在整个空间大量运用，凸显传统典雅气质。配合空间气质，设计师用淡绿色碎花壁纸铺陈在空间的墙面上，既衬托空间气质又形成统一风格。

🖌 3.还原野外运动感的粗朴空间
运动空间本身无需太多装饰来分散锻炼时的注意力，极简的墙体还原空间最原始的表情。

🖌 4.欧风壁纸和银色画框演绎低调奢华
欧风壁纸的铺陈为空间奠定古典素雅的意境。两幅银色边框水墨花卉让中式元素融入西式风情，共同演绎低调奢华。

🍃 1. 传统意象的艺术魅力

中式语汇的设计空间从来不乏点睛之笔。餐厅背景墙以一面木质屏风取代，传统窗花设计的红木边框深具明清遗韵，中间镶嵌一幅鲤鱼戏池塘的水墨画，赤金的底色、锦鲤的东方意象给人无穷的艺术享受，古色古香之中流淌悠远的东方情怀。

🍃 2. 与墙面融为一体的画框

金色的墙面壁纸搭配金色的复古画框，古典的奢华在空间晕染。黑褐色木质镶边，让整面墙顿时充满立体感，古典之间揉入自然的芬芳。

🍃 3. 红木演绎中式古风

看似简单的红木板材装饰墙面，却因灯光的设计充满了无限可能，光影流转之中体会悠然古韵的魅力。

🍃 4. 木雕壁画凸显精致品位

精致到无以复加的方圆构图红木浮雕让整个空间大气磅礴，诠释方圆之中的东方之美。

🍃 1. 金色壁纸和水墨画打造人文风范

金褐色亮面花纹壁纸典雅而庄重，奠定整个空间的传统风格。两幅木框水墨画的点缀更是中式意象的完美诠释，打造出浓郁的人文风范。

🍃 2. 画框和壁纸映出华美质感

银色暗纹壁纸总是演绎优雅欧风的基础，将新古典的情怀在空间铺陈。画框的零星点缀让墙体的欧风标签更加清晰，同时凸显空间的华美质感。

🍃 3. 艺术墙面增加空间灵性

暗灰色的墙面凸显质朴的设计语汇。一幅青莲图横亘在墙面上，在三盏投射灯光的烘托下，诉说香远益清的中式魅力。

1. 现代与古典交汇出的华丽表情

素净的米色墙面在光影的淡淡映照下,传达出现代的简约美学。大幅银色边框画框的摆设,制造出素雅空间的视觉焦点。古典的画框和简约的墙面交汇出华丽的空间表情。

2. 巴洛克式壁纸图案成为空间焦点

不锈钢镜面作为餐厅的背景墙,朦胧而充满质感。中间镶嵌一幅金色边框的花卉图,巴洛克式壁纸图案引导视觉动线,给人以强烈的视觉感受。

1. 花卉壁纸和装饰打造巴厘岛风情

鹅黄绿的打底色壁纸上洒满一株株清新花篮,带来田园的清丽温婉。几片叶片的装饰拼贴,搭配芭蕉叶的绿色点缀,打造出一个浓情巴厘岛度假空间。

2. 金色壁纸展现华丽与时尚

有弧度的墙面边缘设计柔化空间的坚硬触感,同时以白色木作镶边和金色欧风壁纸装点,营造出新古典的精致优美。

3. 金色画框和淡绿墙壁奠定清新格调

淡绿色的墙面带来初春田野的清新味道,两幅金色边框的挂画凸显古典语汇,而绿色木棉花的内容又与墙体颜色形成呼应,春色撩人。

4. 水蓝色油彩墙面营造休闲乡村风

水蓝色的墙面营造复古的怀旧感,同时具有小清新的空间气质。壁挂式铁艺灯具的装饰让纯美空间更加有韵味。

1. 草绿色壁纸和画饰混搭出度假氛围

草绿色的墙体本身透露着春意，为室内带来活泼气息。两盏小灯的装饰让单调的墙体有了光影的烘托。黑边画框的图标挂画用年代感为墙体增加内涵。

2. 文化石造型和暖橙色共谱艺术风情

一根文化石柱开启一面艺术风情造型墙。壁炉造型设计衔接收纳横木台，上半截泼上热情的橘色，装饰品和石材的造型运用让整面墙体如艺术家的灵感创作，犹如午夜巴塞罗那般风情万种。

3. 灯光和画框在松木墙面共舞

立体松木造型墙以自然质感点缀空间，两幅黑框壁画和金色灯光的照射将另类奢华在木质墙面演绎。

1.四幅拼贴画层递出异域风情

四幅彩绘拼贴画递进排放在墙面，为水印般的金黄色壁纸墙面增添热情的异域风采，别致而有趣味。

2.透明玻璃和条纹木板交织的中式风格

块状条纹板材拼接在墙面，横竖条纹的不对称组合形成独特木作造型，搭配透明玻璃门，使不同材质相映衬，交织出大气典雅的中式风格。

3.极简空间的艺术点染

极简的空间以素净的墙体诠释简单的空间美学。一幅性感女郎的油彩画如画龙点睛之笔，道出简约空间的艺术内涵。

1. 窗花和茶镜打造大气东方视觉

高档的真皮沙发需要大气的统一视觉。纯白色镂空花纹屏风立在巨幅茶镜前，低调神秘的镜面搭配灵动、飘逸的屏风，共同打造出优雅、大气的东方视觉。

2. 大·小·画框组合出的整齐效果

小空间的装饰艺术往往以灯光设计和照片画框为主。大小不一的画框在墙面组合出一个方方正正的长方造型，整齐而不呆板。加以三盏壁投灯光的烘托，温馨而不失设计感。

3. 风景画框点缀低调墙面

灰色、黑色、白色打造的暗调时尚空间，灰色的墙面不规则罗列着若干画框，让经典色调空间不显得压抑，同时丰富空间的灵动视觉。

🌿 1. 黑、白、灰的三部曲

纯白的墙面与天花板在色彩上和谐统一。四幅大小不一的黑白摄影作品悬挂在墙面上，在灯光的照映下，与左侧的黑色镜面形成光影的幻境效果，凸显空间的神秘时尚。

🌿 2. 柚木集层材延伸出空间端景

进门处的两面墙体全部用柚木集层材铺陈，打造一体化的柚木端景墙，将青石板地面的质朴、自然风演绎得更加浓郁。

🍃 **1. 时尚壁纸搭配空间色调凸显都会风格**

这是一个体现女性特质的知性、优雅空间。纯美的空间搭配灰白都市风格的壁纸，以及金字塔造型的层叠收纳架，轻松打造都市休闲风格。

🍃 **2. 家人照片墙带出温馨复古风**

温馨的家居空间少不了家人的气息。纯白墙面以主人宝贝的照片框架装饰，将爱的结晶浓缩在墙上，营造出温馨复古的亲子家居空间。

🍃 **3. 纯色和光影的游戏**

如冬雪般纯净冷艳的墙壁，用最简单的荧光和画框修饰，将光影和纯色的游戏打造成纯美的空间艺术。

🔖 1. 光带和壁纸制造统一空间的亮点

具有凹凸感的暖色系壁纸与空间的整体色调相统一，而一圈天蓝色镶边让原本并不突出的壁纸造型墙面成为素色空间的亮点。

🔖 2. 半截式壁纸和墙体的平行之美

白漆刷就的天花板与墙面没有任何繁复的修饰，只以褐色花纹壁纸沿墙体下侧铺陈出视觉动线，简单大气。

🔖 3. 集层板材的叠加造型艺术

整面墙体运用木质集层板材包覆，同时利用高低错落的板材制造叠加效果，形成独特造型。

🔖 4. 黑白花卉壁布的镇定作用

相对狭长的卫浴空间需要亮点来放松心情。马桶后的墙体以黑白花朵壁布铺陈，大朵的白色花瓣具有很强的视觉冲击力，让如厕和洗浴时的心情也豁然开朗。

1. 金属感壁纸和博古架糅合出的大气之美

金属质感的青铜色壁纸在灯光的照射下凸显出空间的质感。前方博古架造型展示柜的设置与之共同打造出中式风格的恢弘大气之美。

2. 碎花壁纸和墙线体现清新质地

以纯白木作墙线贯穿墙体的下半截，再以绿色碎花壁纸铺陈墙体上半截，体现出空间的清新质地。

3. 镜墙造型延伸空间视觉

电视后的墙面以柜体和镜面组合，以大幅镜面来制造纵深的视觉效果，让空间视觉更丰富。

❦ 1. 茶镜和白色绷布造型营造清凉感受

纯白色的切割绷布造型墙如夏日雪糕般清凉，上方的四盏投射灯光打在背景墙上，形成波浪状的光影效果，而两侧的茶镜材质与之搭配，营造出犹如水面般的清凉质感。

❦ 2. 轻盈材质糅合出纯净的空间表情

纯白色的沙发背景墙面如同一张白纸，等待主人去绘出精彩的画卷。两侧的茶色镜面与之拼接，将空间的精致隐约纳入，打造更加丰富的视觉空间。

❦ 3. 统一的空间色彩诠释极简美学

白色和米色的墙体及沙发、吧台，都在展示主人对简约家居的推崇。电视背景墙面除了电视和音响设备别无装饰，让统一的空间色彩诠释极简美学。

自然美景入屋的端景墙
END SCENE WALL

家居空间是一个构架复杂的空间组合，各个空间的组合需要过渡与缓冲，因此端景墙的设立为空间的衔接提供必要的逗留点和喘息地。一面精心设计的端景墙不仅可以减轻冗长过道的沉重感，同时也可以将各种景致引入屋内，让家居墙面空间秀出别样风采。

060

自然美景入屋的端景墙 End scene wall

家居空间是一个构架复杂的空间组合，各个空间的组合需要过渡与缓冲，因此端景墙的设立为空间的衔接提供必要的逗留点和喘息地。一面精心设计的端景墙不仅可以减轻冗长过道的沉重感，同时也可以将各种景致引入屋内，让家居墙面空间秀出别样风采。

摩登女郎激活时尚空间

中式风格的家装空间以一幅"BALLY"女郎的时尚画框点缀墙面。青石色收纳柜体立于下方，与时尚画框形成传统和名牌的对比，激活空间的时尚感。

1. 木作墙面的红粉之恋

高档木作隔断墙面中间以一幅白幕打底，三朵粉嫩娇艳的桃花装饰在白幕上，两只散发红釉光泽的器皿摆放在白幕前，纯白底幕上演绎出红粉之恋。

2. 活化空间表情的花藤壁纸

十分宽敞的空间里需要一面端景墙给视线喘息的机会。色彩饱满亮丽的花藤壁纸造型墙阻断了视线的延伸，却让空间视觉更有层次感。

3. 色彩和油画打造温馨田园风

橙色的墙面温暖热情，为空间注入活力。金色边框的花草油彩画将古典韵味延伸到墙上，田间的美丽色彩也为空间增添一道亮丽风景，整个空间散发出浓浓的地中海南法风情。

🍃 1.水墨花卉打造复式空间焦点

在两层复式空间里，挑高的客厅空间以白色墙体打造纯净视觉。四幅放大的水墨花卉图悬挂在沙发背景墙面，清雅的色彩和中式元素让原本素净的墙面变身成为一面风华盛放的优美端景墙。

🍃 2.黑白框架概念演绎优雅生活

以白色为底幕，黑色框架镶边，中央以四幅大小不一的矩形黑白风景画框装饰，白色幕布后以光源打亮，营造立体感，搭配简约木质空间风格，演绎出优雅随性的生活风采。

🍃 3.为家居润色的精致小品

宽幅的白橡木边框框出一方浅绿色装饰墙面。三块搁板搭配下方的镶嵌光带，形成一个小巧而别致的展示区。

🖋 1. 弧形墙面的轻柔之美

圆柱形的茶几和地上的一方红色圆形地毯，以及沿弧形动线延展的沙发和墙体共同构成了三个同心圆的的客厅空间。弧形墙面沿着动线分别运用一幅彩色波点画板、一面神龛、一幅白色纱帘，共同打造一面柔美的空间端景墙。

🖋 2. 逼真摄影画复制自然美景

蓝天、白云、蜿蜒奔腾的河流，这幅大自然的壮丽风景图被放大以后作为墙面端景，逼真的立体风景将自然的气息带进室内空间，同时扩大了空间张力，体现空间层次。

🖋 3. 镜面取景的天然画框

以镜面为画框取景，室内景致入镜，形成一幅天然的画卷，让家居空间更加灵动。

1. 廊柱为古典空间注脚

黑、白、金，经典三色打造的古典廊柱让室内更加富丽恢弘，廊柱上方是金色雕花以及优雅壁灯点缀，无形之中成为丰富空间层次的精致端景。

2. 虚实幻化的古典意境

墙体中间以壁炉造型打造法式风情，上方的石台可做展示台，古典油画的装点更增添墙面景致。两侧连接天花板的巨幅镜面丰富景深，镜面下半截搭配红木收纳柜，形成虚实相辅的古典意境。

1. 涂鸦版画的艺术渲染

原木和白色墙体交融的现代极简空间，连接两个空间的入口处墙体上，运用一幅涂鸦版画点缀，加上灯光的晕染，凸显出整个空间的艺术气质。

2. 旅游风景画和地画的焦点组合

过道尽头的墙面以两幅风景名胜画框装饰，过道地面以一朵巨大的瓷砖拼贴牡丹作为地画装饰，上下风景相呼应，共同构成一幅优美的空间端景，成为空间焦点。

3. 隔栅和艺术雕塑为过道添彩

过道两侧对称的装饰空间均以黑色木栅造型墙为背景，通过艺术雕塑和鲜花盆景装饰，形成两面优雅的空间端景墙。

1. 浓情中国风打造精彩过道

过道两侧的墙体均采用中式墙设计，左侧墙面以镂花拱门搭配博古架形成开放式空间端景，右侧实体墙面搭配圆形镜面、青花瓷瓶和绿植摆设，中式奢华的古典美油然而生。

2. 光影和材质营造华美视觉

走道尽头墙面和右侧墙面均以黑白建筑风景画装饰，凸显古典气息，同时地板和墙面采用相同的光洁材质将光影反射，上方搭配黑色镜面装饰带，营造出华美时尚的空间视觉。

3. 字画、盆景、板材构建古风景致

青绿色的横木板材搭建起一个古朴的艺术角，中式灯龛下悬挂一幅字画，下面以艺术盆栽松木做衬，打造出一方古风悠然的空间端景。

1. 古董和光影的灰黑经典演绎

青石板块堆砌而成的一面造型墙前摆放着两个展示柜,以大块金色光影打在墙面成为古董展示柜的背景,低调的青、灰、黑三色演绎出经典空间端景。

2. 灯光和玻璃凸显低调奢华

玻璃柜门后是弧形光壁衬托下的收纳层板,上面摆放着展示品,利用灯光设计和玻璃材质将连接天花板的一面收纳柜体打造成一面优雅的空间端景墙。

让空间流动的造型墙
SHAPE OF THE WALL

现代家居设计早已突破平面的束缚，简单的壁纸或色彩墙面已无法满足人们对家居美感的期待。各种独具创意的造型墙面将立体空间的三维艺术引入家居设计，将各种不同的审美需求附着在造型墙上，实现人们家居理想的同时也让空间流动起来。

让空间流动的造型墙 Shape of the wall

现代家居设计早已突破平面的束缚，简单的壁纸或色彩墙面已无法满足人们对家居美感的期待。各种独具创意的造型墙面将立体空间的三维艺术引入家居设计，将各种不同的审美需求附着在造型墙上，实现人们家居理想的同时也让空间流动起来。

蓝白色调打造华美宫廷范

白色的背景墙面以古典图形线条镶边，中间用三幅以蓝色为基调的油彩画装饰，且上方以投射光源打亮画框，蓝白纯净色调打造出华美的宫廷风范。

1. 功能和美观兼具的造型墙

一整面墙壁以开放式收纳柜体覆盖，纯白色的柜身融入空间的整体色调。大量丰富的收纳格设计充分满足收纳和展示的需求，成为一面功能和美观兼具的造型墙。

2. 圆镜装饰演绎普普风

白色极简的家居空间里，以各色镶边且大小不一的圆镜装点墙面，镜面的空灵与纯净空间的飘逸相辅相成，演绎出时尚、简约的普普风。

3. 木片和花艺打造纯美墙景

四块红木板材配以金色金属镶边，形成一面独特的造型墙。两侧以银色镶边设置两个凹陷而成的造型画框，内置大朵百合花，打造出一面纯美造型墙。

🍃 1. 不锈钢沟缝的几何拼接

金色高档木质柜体以条纹沟缝形成拼接造型表面，运用不锈钢材质错落镶嵌在沟缝中，形成一面独特的、不同材质拼接造型而成的墙。

🍃 2. 窑烧砖墙呈现粗犷质感

经处理后统一颜色的窑烧砖砌成一面具有美式乡村风格的裸色墙面，搭配黑白画框的艺术点缀，在呈现空间粗朴质感的同时创造休闲氛围。

🍃 3. 大小波片打造灵动墙面

大小不一的白色波片装饰在米黄色的墙面两侧边缘，将原本略显单调的墙面打造成一面轻盈、灵动的造型墙。

🖌 1. 以展示柜打造中国风墙面
朱红色的柜体背景和木质柜身展现中式家居风，搭配书桌和座椅的中式元素，共同打造出古典韵味的中国风墙面。

🖌 2. 各种原木柜体的创意组合
大红色的墙面色彩和地面的彩虹条纹毯共同形成一个热情创意的空间。各种大小不一，形状各异的原木收纳柜和收纳格在墙面创意混搭，甚至沿着墙体转折而改变造型，或者延伸至墙体以外空间，形成一面创意非凡的收纳造型墙。

🖌 3. 欧洲文化石凸显地中海风格
大块岩石拼接而成的欧洲文化石墙面搭配深蓝色古典橱柜，共同凸显出浓浓的地中海风格。

🖌 4. 天花板和镜面的配合取景
大块白色墙砖砌成的墙面上切割出一个长矩形的凹槽，用作壁炉，上方一面椭圆形镜面搭配四周放射状条纹组合，镜面将蜂巢状天花板造型摄入，形成一面独特的取景造型墙。

1. 天然岩石和异域风情装饰墙
天然岩石拼接而成的欧式文化墙两侧以红松木板材组合，墙面以鹿头雕塑和绚丽壁毯装饰，形成两面充满异域风情的欧式造型墙。

2. 金属质感雕塑凸显都市风尚
朱褐色块状切割面造型墙上以造型的精致不锈钢镜面镶嵌，两尊造型独特的艺术雕塑靠墙而立，金属质感的色彩共同凸显出优雅都市风尚。

3. 中西合璧的童趣造型墙
横木板材拼接而成的墙面充满质朴乡村风。手绘画框和星星装饰的点缀让墙面充满童趣，搭配两盏宫灯，形成一面中西合璧的童趣造型墙。

1. 不规则绷布造型的立体组合

原木收纳矮柜增添了造型墙的景致。木框镶边的镜面背景上，以大大小小形状不同的绷布造型贴在上面，形成独特的立体组合造型。

2. 浮雕墙纸和茶镜营造优雅感

白色浮雕墙纸在挑高墙体中央铺陈至天花板的高度，两侧以两条极窄的茶色镜面镶嵌，再度拉高空间的视觉高度，同时利用光影营造出优雅视觉感受。

3. 马赛克墙线凸显空间时尚感

黑色和灰色马赛克在纯白墙面铺设出两条时墙线，在拉伸空间高度的同时极具装饰性，凸显出空间时尚感。

1. 黑刀和白板的极简艺术造型

银色金属质感镶边的白板造型墙似一张幕布，四把大小不一的黑色长刀横陈在白板上，创造出极简的艺术造型感。

2. 色彩和黑色条纹的沉默美学

浅粉色平整造型墙面上没有画框装饰，只以错落的黑色条纹进行点缀，创造出极简的素雅美感，体现出朴素空间的沉默美学。

3. 横竖艺术交叠的饱满造型墙

墙面中央是一面搭配黑色竖条纹的白色幕布，两侧搭配高档木质板材。黑色竖条纹的中间被一块横陈的饱满绷布造型块填充，光洁的浅色纹路让造型更具立体感。

1. 印痕绷布设计提升造型质感

纯白色的背景墙以凹凸不平的绷布造型体现空间质感，同时以错落有致的横条压痕制造层次感，打造出一面充满质感的造型墙。

2. 打底光源让背景造型更加立体

窗花设计的浅色藤编背景墙用黑色木质镶边，同时背景后以灯光打亮，让光影穿透背景，呈现通透质感，创造出更加立体的空间造型墙。

3. 创意拼贴墙面凸显艺术气息

空间转折处的两面墙体中，右侧以大小不一的块状镜面拼接成一面镜画，左侧墙面以四幅相连的独特画框低角度装饰墙面，充满创意的造型墙体设计凸显艺术气息。

DIRECTORY 指南

清风明月 - 富振辉
莱茵东郡样板房
暖玉
广州花都亚瑟公馆 - 王五平
世纪海景 - 聂剑平
阳光名邸联排别墅 - 聂剑平
无锡古韵坊
重庆永川御龙山
经典欧式样板房 - 广州道胜设计有限公司
君御豪庭
精品翡翠城 - 郑军
国贸蓝海 - 林开新
爱上白色田园 - 李海明、邦雷（南京邦雷装饰）
众凯嘉园 - 陈奕含
承德天山样板间"西式奢华之金色梦幻" - 北京风尚装饰
天荷陈公馆
淳艳之惑 - 王五平
济南中齐未来城洋房样板房
福州蔚蓝国际 - 卢皓亮
肇庆星湖奥园样板房 - 杨铭斌
保利温泉
仁武橘会馆 - Eric's room
伊通街林宅 - 沈志忠（建构线设计有限公司）
武林府
东莞皇家公馆样板房 - 王五平
汾河外滩住宅 - 韩金锁、韩钟辉
木影流光 - 富振辉
佛山山水龙盘 21 座 - 周宝国（卡莫空间设计规划工程有限公司）
台北石坊空间 - 郭宗翰

图书在版编目（CIP）数据

开启梦想家居的 5 把密匙 精彩背景 / 博远空间文化发展有限公司 主编 .
– 武汉 : 华中科技大学出版社，2012.11

ISBN 978-7-5609-8523-7

Ⅰ . ①开… Ⅱ . ①博… Ⅲ . ①住宅 – 装饰墙 – 室内装饰设计 – 图集 Ⅳ . ① TU241-64

中国版本图书馆 CIP 数据核字（2012）第 276208 号

开启梦想家居的 5 把密匙 精彩背景　　　　　　　　　博远空间文化发展有限公司 主编

出版发行：华中科技大学出版社（中国·武汉）

地　　址：武汉市武昌珞喻路1037号（邮编：430074）

出 版 人：阮海洪

责任编辑：熊纯　　　　　　　　　　　　　　　　　　责任监印：秦英
责任校对：王莎莎　　　　　　　　　　　　　　　　　装帧设计：许兰操

印　　刷：中华商务联合印刷（广东）有限公司
开　　本：787 mm × 1092 mm　1/16
印　　张：5
字　　数：40千字
版　　次：2013年3月第1版 第1次印刷
定　　价：29.80元（USD 6.99）

投稿热线：（020）36218949　　1275336759@qq.com
本书若有印装质量问题，请向出版社营销中心调换
全国免费服务热线：400-6679-118 竭诚为您服务